#1

		3					6	
4		2			1	3		9
	9		4	8	3	7		
			6	5	7			8
	8							
3				9				
	1				5			3
6			1	2				4
				3		2		

#2

	2	4		6	7		8	9
		6	5					
			4	9				
1			8					
2				7		6	5	
	9	7					1	3
4							3	
5			3				4	
	3	2				9		

#3

4		5			2			9
						8		
	9			6		5		
5						3		8
		3		7		9	5	2
			5				6	7
			3				9	
1	5	7	9		6			
				2			8	

#4

				7	5			
		5				8	9	
	6	7		4			2	
	9				2	4		
	3		5			6	8	
		8	4		3		7	
5		3			8	7		
	4			5	7			
			9			3		

#5

			3	8	9		2	
4		9			2		6	
				5				
			4	3			9	
		7						
2						1	4	5
3	2	4				7		8
		6	8	4		9		
							5	

#6

		4	6		5			1
			2	1				
8		9		3				6
				6				2
			8		1		6	
		1				3	4	
		5				1	7	
6		3		5			9	
			9					

#7

	4		9	1		2		
			6	2	5	1		9
			7		4			
		6						3
3			4	7		8		
		9			6			4
8			1			7	3	
			3	6	8		2	

#8

4				6				9
6	8							
		5	1	4				
		8	3	9				
2		6		5			7	
	3						2	8
			4		1	3		6
		1	2			8	5	
3			5					

#9

			1	9	4			
1			3					
4		7	6	2		1	9	8
	7	1			6			
6			9		1		2	
							5	
		6			9			2
7	2					5	6	
	5	4	7	6	2			

#10

		6						
3		2		1				
	7					1	5	
1	9		8					4
		5	9			8		
				4	7			6
	4		1	3				2
					8			1
	8				4			

#11

	6	4			7	8	9	5
	7		8		6	1		
3		8		5				
	9	2		7		5	3	
7	5	3	1				6	4
6			5	9				
9				6				
2		6						
	8	5	3	2	9		1	6

#12

1					7		3	
7	2	5		6	8		9	
	3		9					
						7	6	
		2				3	4	
		3		2				5
	5					1		
2		8		4			7	
		1			9			

#13

	2			3		6		
	7		2	1				
6	4			9	7			
8	5						3	7
	6		1	7			5	8
		9				4		
		6			3	7		
	9							3
5	3			4		8	2	6

#14

3			4			1		
		6		8	2			
				4			9	
	3	9		6	1			2
1	7	2			3		6	5
7								
	2	1			6	7		8
	6							9

#15

	5			8	6	7		9
9			4					8
	1				5			
6								3
				1			8	
7			8			9		2
		2	6	3				
	4			9			7	5
		8				2		

#16

	6		5			1	7	
9		3						
	1		9				6	3
	5					6		8
6			4	8			3	
2		4		3				
5	2		8		4			
				1		2		
							9	

#17

9			4		2			
5					9		6	4
4				6	7	9		
						3	9	
							1	
3	7					2	5	
		4	3		5	6		9
		1	9					
						5	8	

#18

					7			5
						1		
1		6		5	2	3		
6					3			2
3		2	5					
9				6	4		3	
	6			1	5		9	7
5						2	6	
4	9	1						

#19

4		1	6					
				2		9		
	2	7						
8	7	9		1				3
	3					1	7	
1	4				3			2
	9			3			4	1
2	8					3		
		3	5	6				

#20

	9	5			4			
			8	9	3			1
7								4
9		3	4	8				5
							1	
4	5	6						
	4		6	3	5			
			7					
						6	3	9

#21

5		3	2	6		4		
								6
							2	3
	7	9	8					
					9	5		
		1		4		2	8	
				1				
1						3	7	2
9		2			8	6	1	

#22

			9	5	1	2	3	
1		8					4	
			4				9	
6	2	9					5	1
8								
		1				9	2	
					8		6	3
		3	6	2	4		8	
				9				

#23

3	7	9				8		
		8		4			5	
				3		1	6	
	2				6			
7		6	5		2			3
				9				
		3						
2		4				5		1
	6				3	4	9	

#24

			4				6	2
	6	8		5			7	
	2		3			5		
				7	5	9		
	1	3		4				
	9		2			6	5	
	5	1						6
9						4		
				8		7		

#25

					3			9
			6	8	9		3	
		6					8	
		9	2			5		7
	2	1				6	4	
	4		5					
	6		3				2	4
7				6		9		
		2	9					

#26

		2	1	3		5		
5						7		
	9			7		8	3	1
	1		9	2				
	7	6						
3						1		5
4								
	6			5	8		1	
1		3	6	9			7	8

#27

	8	5					3	
3		4		1		8		2
	6	7	3	8		9	5	4
				3	8		7	
		8	2					9
		1	9					8
9	7			6				5
4		6	5			2		
				2		7		

#28

	4		5	6		8		9
					2			3
		9	8			7		
4				8		3	7	
3	9						8	
1		6		2				
		1			4			
					6		3	
			7		8	4		2

#29

5		1						
			9		1			
			4		5	2	1	8
9			5		6	3		1
4								
					3	5		
	1	8			7			6
	7					8	9	
			8	6				7

#30

5	2						6	
		8	2	6			4	
			4					
		9	8		2		7	
				3		2	8	
		3						6
	1				9			
			1	2	3			
4		6			7	1		

#31

		3						
4							3	
	9	6		5				
	8	9	4				6	
3								
1			9	3	7	4		
2	5		6	8				3
		7				1	8	9
	3		7					6

#32

3					8	1		
				4		9		5
			3		6			
		4		1				
1						6	2	
	3		6	5			7	
8	1		4		7			
	2							8
		5	8					7

#33

7		2						
9								7
		1	3	2		6	9	
				5	6		2	
	2					1	4	
	3	8	1			7		
					8		7	2
				9	4			
	4	7						

#34

	1					2	9	
4		9		3			8	
				5				
7	4		3	9				
		3					2	
						8		4
		6	1				7	
5	7	1	9	4				
8							1	5

#35

5				9				
8			2	5		6		
	2			3			1	
2		1						
9				4				
				1	7	2	9	
					6	9		
3		6	5			4	7	
						5		2

#36

2	4	7						
	8		9		3			
					2			6
	5	2	7	8	1			
3		1						
				6			9	
8			1	9		6		
6		3			7			4
7							5	

#37

1								4
		5		1			7	6
7	9							
	2	4				9		
5			9		1		3	
				6	2		8	
					3			
8	5					3	6	
2			1		7			

#38

	1	3	9		4			
			6		5	3		
8			3		1	9		4
	7		1		8			
					7	1		
						7		6
3								
5		8					7	
	4	9				2	5	8

#39

4		7	8	5				
						5	9	3
		3	1	9	6			7
9		1	6	8	2			
				3		7		
					9	2	8	1
7	8	4		6	5		1	
			7		4		5	
	2	9	3					

#40

6	4	7		1	9			
3	1		4	7	2	9	8	6
	2		6	3	5	1		4
2				6	8	5	1	3
7			1	2		4	9	
1	8	3	9	5		7	6	2
4				8			5	7
	7	2	3	9			4	1
8				4			2	9

#41

				6	4			5
				8	5	1	9	
8		4			9		7	
3				9			1	
				1		5	8	
	1				8			2
7	2						3	9
6					2			
1			6		3			

#42

								7
		1	7	5			2	3
		7	4				1	
8			1				5	4
5				7				
				6				
	8			1	3	7	9	
7		9				2		
		6						1

#43

5								
		8		1	9		2	4
	1	3	7		4			
3	4		6		7	9		2
7	6						8	5
						7		
		1		7	6			8
		7	4					3
		6	2	9				1

#44

2	1	7		6				
				7	2			
			5					
9								
	8			1	9		3	
	7	1				5		
				2	4		1	
3		6						
			9		8	7		2

#45

2			8				7	6
6				3	1	2		
					6			9
				8				1
		2			3	4		
5				6			9	
	6	9				8		
							4	
3		4		1			5	2

#46

			7	9	3		6	8
8							7	
		3				9		
9	8		2	1	6	3		7
3	1		5					
	5			3			9	6
			6		4	7		
			3					2
	6	1	9	2			3	

#47

		2	8	4				
								5
1			7		5		2	
4	6		9					1
		9			7		3	4
3				1				
5					2	8	7	
		3	5	8		9	4	
							5	

#48

		1		2	7	3	4	
		5						
		7				8	6	9
4		6			2		1	
	3			5				4
				6				
	1		9					
7	8		5					3
		4		8		1	5	

#49

2		1				5	9	4
7	6	9	4				8	3
					9	7		2
1			9	3				6
				4		2		5
	8			2				
			1	9			2	
	9	2		7	3	4		
5	1		2		4		7	

#50

	6		4				5	
	5					3		7
	8	3	7		9			6
					4			
	4		6		5		3	
	3					4		8
			3	7		5	9	
	9			4			8	
		2						

#51

	7				1		9	
6	2	1						
5		9	2	3	4		7	6
1	9	7						
8	3							
		5		1		2		
7	1		9		8	3	4	5
			4				6	
9	4		1	6		8		

#52

			3		1			
1			4	2			9	5
	4				5	1	7	
	7	9	1			5	8	
5		8			7			9
						7	3	
				5		9		
							1	7
	2	6		1		8	5	

#53

1					5			
						1		
	8					2		7
4			7					5
7	2			9			6	
		8	4				2	
6				7		4	3	
3			2					
		7	6	1		5		

#54

		2		1			4	6
6		5				3		
			6		2	1		9
		9		4		7		
			3	7			9	
4			8	2	9		3	
			7	9				
		4			1		8	
	9	1						

#55

						2	4	
			2	7			8	
2								5
				6	7			3
	7		5					
5	6		1				2	
		4	7				9	6
3			9	2	5			8
				8	6		3	

#56

9					4			7
				2				
7	4		1					
5						6		
			2			7	4	
	3					1		
2	5			8			7	6
				9				
6			7		5	9	1	

#57

			5		9		8	
5			3		7	9		6
7					4			
								4
3		5		9		7		
6		7			3		5	
		1			2	4		
	3	9						
4			9					5

#58

				8	9		6	
		7	5				1	
2	4							
	1	8		3		5	7	
3		5		2				
	2					3		
	7			5				4
8					4			
	5				7	8		

#59

						2	4	
7						8		6
			8					3
9				6	2		8	7
		4		3	8			2
	2		7					
6	8	7	4		9			
		2			1			
	9		2	8				

#60

3								
		1	5					9
	5		2	4	9	8		
8		4				9		5
				9		3		
						1	8	2
5	8	3						
1		7		2			5	
	6	2		5				

#61

	4				8	2		
	6				1	9		
		2	3			1	6	
2						6	4	5
	3			9				
6					5			
							2	
8		4	5	3	2		1	
		6		4		5	8	9

#62

7				3				
		5		1	8	4		
	8		5		4			2
1		8					7	
	7						1	
	5	2	1	4			6	
		4			1			7
		3		7		1		
					5			8

#63

6	7			1	9		5	3
9	2	3	7		6	1	8	
5	1			3	2			
3	5		9	8		7	2	1
7	4		2			8	3	9
	8	9	3	7	1	4	6	5
8	6	5	1	9	7	3	4	2
1		2	6	4	8	5	9	7
4		7	5	2	3	6		8

#64

			3					
9	8							1
	1				5			8
1			9		8		7	
	2	4			7	3		6
			8	2			6	
		7			4		2	9
	6	8		7		4		

#65

					9			
3		5		1	2			
		2	5					4
	1			5		3		
	3	9	6					1
2			8					6
8				4			2	
				9		5		7
			1				9	

#66

			2		4			
	6	9				2		
	5		3				8	
5			4		1	8	9	
1					5			4
7						5	3	
9	8			5			2	
						1		8
			7	8	2	6	4	

#67

5		6		3	2		8	
8		1	9	4			6	7
4	9		6	7	8	1	3	5
9	5	8	7					3
		3	5		4			
	1				3	5		
6	4				9	3	1	8
3	8	9			6		5	
1	2		3		7	4		6

#68

		3	5	8				
	5	6						9
			3		8			2
9					6	8		1
		1	2				3	5
				7		2		3
				9				
		5	1		4		7	6

#69

4							6	
		6	3		4	7	8	1
3		8	7		2	9	4	
	2				8			
		5				1		
				2			9	7
6		7						
	3			8		4		
	8	2					7	

#70

				1	7		2	
		1			3	6	8	
	5		4					
	4		7	5	8		6	9
	9			3				2
8			9		2			
	1							6
		7				4		
		3		4				

#71

9		6			8		1	
3				6			4	
				5	9		7	
	1					7		
	3				4	1		
5	4		8				3	
	6			7				
4	9			8	5			
	8		6	4	1			

#72

		3		8				5
4	2						7	
	7						9	
8			9	1				7
			3				4	9
	1			4				
				6				8
				2		4		
7			8		5		6	

#73

			4		7		2	
	7		1		2	8		
	1							4
				1		2		9
		9	5			4		1
4				8			6	
1								2
	4	3						
	8				5	7		6

#74

	2			9		5		3
		4					9	
	9	7				6		
				4				
8		2	1					
					5	1		
	8	1		2			3	
2		9		3	4		6	
6		3	9			2		

#75

						4	1	
			2					
		7	6					9
	3				2		9	
2					9	8	6	
7	1					5	2	
	7	6						
		4				7	8	2
3					4	9	5	

#76

					9			3
				1			5	
	9	8		6	7		1	
					8			
		1	2	3		5		
7	5				1			
	2	3	6		5			9
					2	8		
		9	4	8	3			6

#77

		7				1		8
	4		8	2	5		3	7
3							4	
								2
7	9	5	2	4				
	8		5					
		4		9	3			
		1	4					
2			7					5

#78

					1		5	
			3		9	2		8
							3	
	1			2	8			
	3			9		5		7
2	9			5			4	
6				3	5		8	
8			2	6				
9	2							3

#79

						8	9	3
		8	1					
3	4	7						
				5	1			8
4			7	8		2	5	
			9		4			
		5	3		2	4		
2				1	7			
6	3						2	

#80

				3				
					1	6	7	
	5	6				2	8	
2	1	7		5				
								9
3	9		1		2			5
	3					5		
5		9	4			3		
		1					6	8

#81

	7	5						
		6		2				
8						7		6
	5	9		8				7
7	3	4				5		
	2		6					
		3	1		8			5
					9		1	4
9	8			7				

#82

						1		5
1	2							4
	9			6			8	
5	1		3			7		
	3	7	5	2	6		4	
6		4			1			
7					3	4		
				1				3
	6			5	7			

#83

						7		
			9		1		3	
			7	3	6	2	9	
	8					5		
		7	8		5	1	6	3
			1		2	8		7
		1		6				
	5					6		1
		9			8		7	2

#84

5	7				4			1
		4		3	1			
			7			2		
	5	7						
		3	9	4				
	4			2		5		8
	2						6	
8	6			1			5	
				7	8			

#85

	4		7	2				
6							4	7
		3			9			
			2		3		7	6
1		6		8		3	5	
	2					4		1
4	1		3					
9					6	8		
			5					3

#86

	5			9	6			
7		4				9		6
	6		3			8	5	
				7				
2	1		4	3				9
	8		1			5		
	2	5	8	1				
8			9			3	6	
	4				7			

#87

							2	
2	8	4		9				
				2		3	4	
6					3	9		4
1	5	3	8			2		7
7		9		1	6	8		3
4								
8				5	1	4	3	
5		1		8		7		

#88

		9		4		6	8	2
					6			
3			5			7		
7	3				8	5		
					7		6	
	9	5	1				3	
		3	8			2		6
	4		6	1				8
		1						

#89

	2		5		4	9		
			8					
		8		9	7		2	
		5	3					
		2						6
6			2		5	7	9	8
	6			7				
			9			4		
5	7	1					6	

#90

								9
			5			2		
			2	8				3
5	7			9	2		6	
	9				4	1		
	4		3					
	1	2		4	5			
		6		2		5		
		5		6		4	8	

#91

			3		6			7
	1			8	7	9		
				9	1		5	8
8			9		5	7	4	
	2					8	9	1
			4	3				2
	4	7					6	
3			6					

#92

	2	4		9			6	
	3	5		2		1	4	
9						7		
							3	6
		6				4		1
					3		5	
		3		4	6	9		
		9	7		1			
6				8	2			4

#93

			8		9	4		
		9			1		2	
4				5	3			
		2		9	6	3	5	7
				8				
3					7			2
9						5		1
		1					6	9
6							4	

#94

			4	6				2
		7			2		6	
2			1		9			
		9			4		8	7
5			7				3	
1	7	6					9	
				8				
		5				8		9
4			9			7	5	

#95

	1		9	3				
		6				3		
			1		7	4		
	2		6					7
			5					
		3	8			1		2
4		2			5			6
8		7			9		5	
	3							

#96

7		9		2	5		3	6
		4	9			8		7
	8							
	3		2				5	1
		7			3			
		5		6	4			
	5	8				9		
				9				
						3	4	

#97

9	5	2	7	1	6	8		
			5			6	2	
3	6	8	9			1	7	5
	4				3	7		
7			8					6
			4		7			2
8		6	2			9	5	1
	9		3	8	5			7
	7	5	1		9	4		3

#98

3	7				1	5		
6	4	9					2	
							6	
				3	5			6
				8				
7		3			6	2		5
2			8	6	3		9	
		4	7					1
				9				2

#99

		2					1	
	7	1	3			2		
	3	8			4			5
	9		6	4	3		5	1
	5		9				6	
8		4			7	9		
	1	9	5	8				4
	8		4	3			2	9
4	2		7		6	1		

#100

	9	4	6					
2			1	5				3
		5			7	4		6
	4		9					8
			2			5		
				7			9	
		9					7	
5						8	3	4
1					3			

#101

	5		9				8	
						1	9	3
4					3			
3				7				
5		4			6		3	8
8		9		4		2		7
	6					5	1	
		5	7	9				

#102

	5	9		6			8	4
		6		3	5			1
			5		2		4	
		2	7	1				9
1			6					5
				2		7	1	8
	2	1	9	7		3	5	
7								

#103

7	5	1				3	9	
3			7			1		
5		2						6
			2	6			7	
	4						1	3
		5	6		7			
		7		1	3	8		
	6	8		4				9

#104

		9					7	3
2		3	6	1			9	
			9			2		
		5	3		1		8	2
	8				2			1
			8			3		6
	9		1		4			
		1			9	5		
		4		2		8		

#105

5	4			7	6			
	1			8		3		
9	2		4	3			7	
			6					
1				9	3			
								8
		4					9	
				4		2		6
	7	1	8	2		5	4	3

#106

8						4	1	
5		9	4			3		
	4		1		5	9	6	
		8			4			
		5	7			8		
1	7						3	4
7					6	2	9	
2		1	5	7			4	
6								

#107

2			5					3
	5				4		8	7
		4		9	1	6		
	7		3		2		5	
5					7			9
6				1				
9			6		3	2	7	
		5						6

#108

						7	9	3
2				5				
	1		3		8			
3		2			6		5	
	8		2			9	6	
			7		5			
	2					1		
		3		2				9
4		1				6	2	

#109

6	8				1	7		4
				8	7		3	2
				5			9	
		6						
	9		1				4	
		3					2	9
					8			
8				2				3
	1		3	7		4		

#110

1		5			8		9	
			5	2	9			1
	2	3		4			5	
6	8			3				
		4						5
	1		4	6		3		
				1				9
	9		2		7		4	
	6						1	

#111

	4		9		3		8	6
			5			2		
	3	2	1		4	9		
	8							
	6	1						4
				1		6	5	
9						7		8
			7			4	3	9
		3					2	

#112

	6		4		5			
				1			3	2
	7	1		3		9		
1		8	9				5	
	9		5	8				7
	5	7	2		1		9	
			3	5		6		
6			1			8		
		5				4	1	

#113

		1			7		4	
7			2					
5	4					6	2	
							5	8
6		8	4		2		9	
			5	1		2		
				2	4	8	7	
8	1							
	9		6					

#114

		9			3			
	1						8	
		5	8		6		7	3
	9							
8			2				1	
7							4	
	7		9					5
4		8		3				6
		6				7		4

#115

3	2			9		6	5	
	6						2	8
9				5				
	1				5			
		6				1		
	9	4		6	3			2
1			2				8	6
		3						
7					6	4	3	

#116

			9				1	
			7	3				
	4		5	8				2
8	3			1				6
7		6						
		4	6	2		7		8
	7			5				
					9			1
3		8		7	4	9		

#117

	5	2				3	4	
	8	3		6				
				7				5
5			8			4		
	2					1	8	
		1		2				
			1				9	
1					7			
			4	5	8		7	

#118

	7		3	8		9		
		6	7					8
			9		6			
3				1			8	6
4				5	8	2		
		5			3			
	3	8		6			4	
	9							
		2		3		6	7	

#119

					2	7	3	
			5					
8		2			3			4
	3	1		5	7			
	6		2			9	1	
7						5		
	1	5						
2	4		8		1			
			7					9

#120

		5						6
							8	5
6	8		4		5	3		7
	2	6			4			
	7		3				1	
4	1		8	7	9		6	
			2					
				3	6			4
8	6	4		9		2		3

#121

	8		4		6		2	
		9		1	2	4		
		4						7
5								
			1		4	5	9	
4		2			9			
9								1
3		1					8	5
6	4					9		2

#122

	3	8				6		5
								4
1	6						9	2
2		1	8				6	3
		6			9	5		
4		3						9
							1	6
			1	3				7
		9		4	7		3	

#123

6	1				9			
	8		5			1	6	
	7			3				
	2	6						
							3	
9				8		6	2	7
			7			2	8	6
		7			1		5	
3				4	8			

#124

1				5			2	4
	5	4				8		
		7	4		3			
	7			8	9		4	
					4			
			7	2			8	
7	9		2			4		8
6							9	5
	8	3	5				7	

#125

		6			2			
	4		5					
		8	4	7		5		1
			2			7		5
			3					
		5			4	2	3	
1						3	2	9
		2	7	3			8	
9		4	1					

#126

2	6					9		
8					2			
		1			9		7	
9			1		5			
	7		8			5	4	
					7	8		
1	2			7	8		9	
	9	6	4		3		8	
	8	4		5				6

#127

3			5				4	
		2	9				8	
								7
7		3			8			
4		9		2	1	7		
		8		7		6		
8							2	4
1		5			6			
	2			5				

#128

	8							5
		4			8		9	6
1					3		7	4
8		6						
	4	5						3
3							6	9
		9	3				5	
2					7	4	3	8
5					6		2	

#129

		6				8		3
2						1		
5	7				8		9	
	2		4	5		9		8
9	4		7				1	
	6				2			7
				4				1
			1	7	5		3	
				2	9			

#130

9		5		1			7	
							9	
	4	1		6				2
4			3	5		7		
			2					
6		2	4			1		
	7	4	1			2		8
2							1	
	5			3				

#131

8			6	7			4	
				4		6		5
				5		2		9
	9				4	5		
		5			1			
	3	8			2			4
		7		9				
2								8
	8					3		

#132

	4		9					
		2	8					3
9					7			
		8	7		6	2		9
					3	5		
					4	7		8
		3						
			4			1		6
		6	5		8			

#133

							5	7
	5	1		4	9		6	
6	4				5			9
9	7	6		3		2	1	
5	8			6	1			3
		8	4		2	5		
	6							
4	9	5				8	7	

#134

6	8	1	5		3			
	7							
				8	6			
	4	8			7			
7	9		1					3
2	5			6				4
	6			5				
		7	8	2		4		
		5			4		3	8

#135

			5		9			
		7		8				4
						6	7	5
							3	2
	5	3	6		1			
	9		8					
2				3		5		8
	8		2				1	
1		4					6	

#136

			5	2	8	3		1
5	4							8
			9		7			
	1			6		8		4
	8		1	7	2			
		9						
8						4	1	
	7				6	5		9
				9	4			6

#137

			7		3		2	
2				5		9		
1		9	2					
3		8		7				2
			1				9	
9	4			3	6			
	2	3				8		7
						5		
4	7						6	

#138

		3						7
	1	2	7			5		
8		4		3		2		1
		1			9			
	6	7			2			
				8	6	1		
		8				3	9	
	4			9			1	
		9	4					

#139

1				5			6	
	7	2		6		5		
			9	1		4		2
	4				3		5	8
3		1			9			
	8					2		
		6		8		3	2	
5				9				4
		4						

#140

1					8			3
	5		6	7				1
8	6	3	5	1	9	7		4
	8						1	9
7				3	5			2
	2		4		1	3	8	7
2		6	9	8	7		3	5
	3				4		7	
	7		3			9		8

#141

9	4			6			2	1
2		6				4		9
	7	1	4		9			
		2		4	8			
						3	4	6
6		4			3		9	
	5		8					7
1		3	5					
							3	2

#142

5	4		6			2		7
	1				5	6		8
						9		
	7			9	3	8		
8			1		4	7	5	
1								
	6	1			2		7	
							2	3
	5	7		4				

#143

		1			2	6	9	
7	9	2		8	1		4	3
3		4		7				8
			5			3		
	4				9			6
9				2				4
1	3							
		9		5	3	7		
			8			9		1

#144

				7		8	6	
1						2		4
			6					9
8				4	5	3		
					7	4		
9				8			5	
		7	8	6			1	3
		8	7			6		2
				1	4	5		7

#145

								7
			1	9				6
9					6	2	5	1
1		4		8			2	3
				6				
3	7			4	5		9	8
		2				5		
7				1				
	8		4					

#146

	6	7				3		
				6	1		7	
	8	1				9		6
8	2	4		7		5	3	1
1		3		5	4		8	9
	5							
5	1	2	9					
7		8	5				9	2
4							5	7

#147

9	3				7	5	6	
		8	2				9	
	5	1				4		
		4	7	6	9			
			1				5	
						9		
	7			5		6		9
1	4		9		2	8		5
		5				3		

#148

			1	9				3
1		5		8	3			
2		9						
	2	6				5		
	4		9		2		8	
		7			6	3		
9				3	8		2	
			5		4	9		1
7	5							

#149

4	2			5	6	1		3
1			7				4	
	7	6						
	4					9	3	
			2	9	3			6
							8	7
	1	9	5	4		3	6	
								9
				6				

#150

		7						
5				6	9			
	1			7			8	
	3							
			6	4		5		
					7			
4			5		1	8	7	
		8	4	9		3	1	
3							2	5

#151

						8	4	
		1			5			
6	4				7		3	
		4		5		3	7	1
8	5							
7	1	3			4	2		
					6	7		
1		6		7			2	
5	8						1	6

#152

	7		6	9			1	
	2	1						7
							2	
1				8		7		
		7						3
2	9				6		4	
9		4			8			
				4		3	7	
	3		9	6	1			4

#153

	3						8	
		7	8			6		
	4				1			9
	9			2				
2	8	3	7	6				5
7	6				5	8		
	7	4	5	3			9	
							2	
						3		

#154

4				5				
5		9	4	6		8	1	
		8		2			5	7
		4		9		5		6
				8		1	4	9
		7		4	6			
	6				9		3	
		3			5	6		1
						2		

#155

5	7	1	3			4		
4	3	6		5	9			
8	9				1		7	5
3		5					4	
	8	7	4	3		5	1	2
			5	9	7			3
6	5		1	7	4	2	3	
	2	8	9				5	4
		3	2	8	5	1		

#156

					8			
4			2					
	9						4	1
	4		9					6
7	3	9		2	6			
2								3
1		3	7		9		6	8
		6			2			5
9			6				7	

#157

			3			7	2	
3	7				8			9
8				7	5		6	
		2			1	9	7	
					2	5		
1	9							4
	4		1					
7					4	6	1	
				3				2

#158

9			4			5	7	
	6					3		
			1				2	
	5			4				
		7	5					8
2	8		9			4	6	
	9				1	7		
		2		9			5	3
		5		3		1		6

#159

		7						
	3	6				7	4	
		1				2		6
	2		7			9		
		8			3			7
				8	6		3	
	6		5		9	3	7	
					1		2	
8			3			6		

#160

9	1		5	6			4	
5	7					6	2	3
4			8			5		
				1		7	6	
		5	2					
	2							4
	8		6					
2		4			3		7	
					1			

#161

5	6					4		
		3	5					
9	8		6			5		
					1	7		
	3			9		2	5	1
		4	2				8	
		8		5	7		3	
6	4	7	1			8		
	5	9		2				

#162

			8					
2		9				8		
				6	9	7		5
				2				
8		3	7	1	5		2	
1	5						3	
			1			4		
4			9			2	8	3
9					2			

#163

	2				9		5	6
3	5			6			2	
1	4		3			8		7
			8				1	9
		3						
					7			
9				2			8	4
4		2			6			
		5						3

#164

			8	2			6	
2	4							
	9					2	3	8
5							1	
9			2				7	
	6				1	3	4	
	3						9	6
6	8			4				
			1		3			7

#165

5	8				4		7	3
9		6					2	
			3		5		6	
4		1		3				
2					9	7		
	6	7		1			3	
	4		8				1	
6	7						4	
						8		

#166

		4	5		1			2
		1			3	7		
			2			1	6	
9					8	4	1	
2	6						3	
4			9		6			
8	3	7	1					
1					4			
5							7	

#167

	5			9		3		
			2					7
7	4				6			
	8						9	
	6	2			7		4	
		9		4	8			
5			3					
					2	8		6
8	1		4					

#168

	5				9			
	9			6			5	
		1	5	8				
8		3						5
5	1	9		3		8		
	6	7	9					1
6			4	1			8	
		5		7			6	
						7		

#169

					4	7		3
9								
	5		1	7	6			
5								
	4				7			6
1	7	3		8				
2							5	
			9		1	4		
4	3						9	7

#170

8	2		7			5		
			3			2		7
		9		5				6
							1	
3			4	2				
	5					9		4
		4	9			7		
7				3	2			
	6					8	5	

#171

	3				4			6
		4	2			9	7	
5				1				
			4	5				8
				8				
9		5				1		7
4		1						
6	5					8	3	4
	7				5			

#172

	5					3		1
	3	9	5	8		4	2	
				7				8
		5			7			
								6
8		1	2				7	3
		2		4		1		
			1					
	4		6	5				2

#173

2			3	7				
4	3					5		
7			2	5				4
		9			8		4	
6	4	5					2	
				4	6		1	3
	6					7		
	8			1			5	
		7	8					

#174

		3	5	2			9	
	4	1				5		
2	5				6	3		7
	8					1	3	
1			7		9	2		4
					8			
	1		4			7		2
						9		
3	7				5			

#175

6	9					5		
		2				8	1	9
		1		2				
	6	9	1	5		4		7
			7				5	
							3	
8	1			6				
5			4	8		3		
9					2	6	8	

#176

		3				2	6	
	6		2				4	
2	9			7	3			
	1	5		6			2	8
		9		1				
	3			8	2			
3		2						1
	7				1			
	8			2		5	7	

#177

	6					2	3	1
7					6			
1				5	2			4
						9		
3					5		4	
4					7	1	8	
		3	7		8	4		
		7		3			2	
		1		4	9			5

#178

9		6				4		
2	3				4			7
				3			6	2
	5			6	7			
				1		2		
8	2					6		
						1		5
					3			4
4		2		9	1		3	

#179

	2	3	7					9
							2	7
	6				9		8	
			9			8		
			3	5				
6	5		8		1			
5	4		1		3		6	8
2	1				8			3
				9		1		

#180

				9		1		
	2		6					7
9						8		
	9		4					1
3				7			4	
				1		2	7	
		5	8					
6	7	4			1		5	
	3				5			

#181

	7	9						
		1			5			
5		3	4		1	7		
	2							4
					9	1		
	8	4			2	9		5
	9	8	6					
		5			7		4	9
			5			8		3

#182

		1						9
							8	5
			2	9		7		
3				6		1		
2	7		5		1		3	
					9			
		7						
8	9		6	5	3			1
1	5			7				4

#183

1	6					3		
	4	5		1				
			6		9	7	1	4
5				6	4			1
		4	2					
		9			1		7	
				4		8	6	3
8						1		7
			1					

#184

	3		2			8		4
			7	5				
	8							5
2								
		3	5	6	2			7
		7	3					9
	4			8				2
			1			6		
5						7	3	

#185

		5				6		
		3	2					
			7				4	8
	6		9	7			2	
3						7		
				1			6	3
9					8	4		7
			4	2	9	8		
1			6					5

#186

8		5			4			7
	1	6		8				
2	3		9			8		
			1					
	2	8	4				9	
1			3		5			
6		4						
	5		2			6		9
			5	6			4	

#187

		4				3		7
	9			7			8	
			8		3			
	3	9	5		8			4
5							6	
1			7	3				8
9				8		1		
8		7	1		6	4		2
				2		8		

#188

	7		4	8		2	5	
		3						
4			1	3				
		8	5		3	9	1	2
				4				
5			2		9			
3		7			1	6		9
	9		6					
			3	9		7		8

#189

	1				7			
2					4		7	
6		7	9	8				
	7	2	8					4
		8			2	3		
4	5				3			
	4	6	2		1	8		5
				4				
1	9	3						

#190

5		6		4		9	7	
				9	1	5	2	
2		1	5		7			
	8		1	7		2		5
9			8	3			4	
7			4		9			
	5							9
3				1				2
6	2					7		3

#191

	7		4	9				
9			1			7	8	4
		4	2		7		5	
1	8			2				7
						5		
4			9				1	
7	6							
	4	9	5		6	3		
		8						

#192

	4	1						7
			6	7	3	2	1	
	3				9			
9					8			
	6	5	9		2			
						6		
	9	6	5		7			
	1	8					7	
	7		1				9	6

#193

					9	5	7	6
	6				5		2	
4		2		6	7			8
	3		6			7		
2						6	8	
1	9	6	7	4				
8	1	3	2			4		
7			5			8	6	
		5				3	1	

#194

3			8			1		
6		8						
			9		7			
		9			4	7	5	8
				7	3		2	4
		2		9		3		
	6				9		3	7
								6
7	4		2					

#195

		3		2	5			
7	4			6			1	5
			5	9	2			
	8	4						2
				4	3		9	
2					8		5	6
				5			2	
5	1	8		3			7	

#196

	8		5		7			
							4	5
2		9			4		8	1
9	1						7	
5			6			3		
7					5		2	
	3	7	1					
4	2			3		9		
6								

#197

2			6			9	8	
						7	4	
		7	4					
			1					
		8		2			5	7
		4	3	7			1	
8		3	7	6			2	4
	5				4	1		
		2		1				6

#198

	8					1		
	4		6		8			
			2	5		9		4
7		9				6		
	3			1		7		2
		4						
8					9		5	
	5	7	1	3		8		
6		3			7			

#199

					2		8	
				1				5
		5	7		3			
8					7			4
9			2		8			6
1	7	3		9				8
	4							3
	1		4	7	5			
				6		9	4	

#200

8					6	3		
3	1							
9					1		2	
		7		8		1		
	6	3		9	7	2		
				1		7		6
	2		1					8
4	3		7				1	
	9				3		5	

#201

						8	3	
3	7				5			4
	4	6		1		5		
					7	1	4	
		2		3		9		
8			1					
6		4					5	
	3	5	4		1	7		
							8	

#202

4			5			6		
					6	8		
				4		2	3	
	4							
5		8						
9		6	8	7	1		4	3
	9							
				8	4		6	
1	6	4		3				2

#203

	2							5
6	4				5	9		
5	8					2		
			6				1	
	3							4
4	1			9	2			
2			9	8	7		3	
1			5					
7	5			3	1			

#204

							7	
	3			4	9		2	
6				8		4	1	
		5	8			7	3	
8		3						5
2			5		6			4
		8	2			9	4	
	2							
9						2	6	

#205

	7	6			1	5	9	
2				6		3		
8						7		
6	3		2	9				
7			6					
	2		7	4				
4			1					3
				7		9		8
			5				1	7

#206

3			8			2	1	9
4								
	1	5						
						7	8	
	5	4		2			3	
			5		7			
		6	1		3		4	8
					2		9	
		3		5				7

#207

			2			8	4	5
2			8			6	9	
			3	9	6	2		
	3							
		1		7		5		
9		4		6			8	
						3		9
					2	4	7	8
		3	7		4			

#208

6	7	3						1
		9	7					6
2				1				
	4			2	3			
7	3		4			2	8	
								5
9					6			
	2	7	1		4		6	
	6		2	8				

#209

	6	9			1			
	8	5	6			3	1	
				5		6		2
	7					5	6	
	2		9			7		
4					6	2	3	
				6	3		8	
6								3
		3		2		9	5	

#210

			4		6		1	
7	1				2			
	9	2	7		8			4
2						7		
	6					9	4	
			6	8				
							9	
	2			7		6	8	5
8	4	1					7	

#211

7	3			2				9
1		6				4		
4		2	1	7	6			
					2		8	
3				6		9	7	1
				5	3			6
	5	3			1		9	
6	7				4	5	3	

#212

			5		9	4		
3				1	4	8		
9								3
		9						
	8	4	1			2		7
	2		4		3		5	
			2	5			4	9
		6						
		7	3				2	1

#213

6					1			
9		1			7		2	6
		2						8
	3	6			9			
1						8		
	8	5		3				9
							5	2
8	6	7		2	3		4	
						6		

#214

			9					
6	1		3		4	8		9
3		5		1			2	7
						5		4
		8					7	
		1		7			3	
1		6	2	8				5
		2						8
8				3	5		1	6

#215

3						8		
			1	8			3	5
			3	7				
2				6	8		1	
			5		2			
	7			1		9		
7			9					8
4	2		8			1	9	3
	8			3		2		

#216

		2				3	1	
			7					9
	7		4				2	
	8			4				5
9	3					7		
4			9	7	8			
	6			2		1		8
8			1					
1						9	7	

#217

8		6			7		2	
			3					
9			6			3		
6		8			3	9	7	
5				7	8			3
			1					8
		7						4
				6	1			
2	9	3	7			1		

#218

6								3
	4			6				
9			3					
							8	
		6			2	4		
1	9		5		8	3	7	
2				7	4	8	5	
	6			1		7		
7	5					2		4

#219

			6		5	3		
5	4	2		3				
		3					2	9
		9		4				6
	3		5		9			
4								
	6		8			7	1	
				6	1			5
		8				2		4

#220

		3		9	7	5		6
9				2			3	4
			8		4	7		
		5						
	9	1				8	7	
			3	4			6	
			5				2	
8	6			1				7
		2	4					

#221

			7			1		
			1	4		8		
3								
1					7		6	2
7			5		1		8	
	9	4	6		2	7		
4		7		1				
					8			5
9		5				6		3

#222

		6			4	9	7	
				6	2			
					3			6
	4							
	9				6		5	
	6		9	4	1			2
	3		4				1	8
		4		8		7	3	
8					9			

#223

		7			4	3		
3	8				7	6		
	4	1	8	9		2		
8		2	9			7		6
	6					5		9
			7	4		1		2
							6	
1		8		7	9	4	5	3
5	3	6		8				7

#224

1		4		5			3	8
	2		6					1
5				1				
4	1		5			9		
2			1					
	8	9			6			2
								6
8	9	5				2		
			9		4	8	7	

#225

3	8		6	7	5	1	4	
1					3	6		9
	6				7		2	
2			3			8		
				4	2		3	
9	3		1				5	
		2				7		
		8						4

#226

		2						4
	6	3	2			9	8	7
			4					3
	1				5		9	
7			3					2
	9					3		
					2			1
	3		9			6		
8					4			

#227

		7	1			4	6	
3		2	4	7		1	8	
		1		3		2		9
	1							8
9		3			4			
6							9	
	4				3			
7				1	6			
	8	5				7		6

#228

9				7				8
4			6			7	2	5
			8	3		1	4	
8	4	5						
2			3	5	6	8		
6		7	9	4	8			1
3	2					6	1	
1								2
7		4		1				3

#229

			9		2			
3			6		5		4	8
					3			9
2								
1	5	6			9			4
	9	4		6				
5	4					1		
9		1				2	5	
		7		5				

#230

1					2			7
			5	8	6		9	1
			3	7	1			
	9	7		5				
	1			6		5		
		3						
			8			6	5	
	5	1		9		8		
		4						

#231

	8				1	6		
	9				8			1
							4	
			9				2	3
1			6	2				
4				1		5	7	
		3			7	4	1	8
		5		3	2			
9	7	1						5

#232

7			6	1				
4		6	2	5			1	3
			7					5
8		2	9		1			
	5		4					
9								7
	1		3	9		4	2	
	4			8		9		
	9					3		6

#233

					1		2	8
6		2		5	7			
3			9			4		
		3	7			5	8	
		7	5					
	2	5		8				3
		4		7				2
								6
2	1			3			9	

#234

		1					5	2
6					2			
3		8	9				6	4
	5						9	3
8	9	7		2				
					3	4		
		4	2				7	
			7		5		2	

#235

		3			6		5	9
	1	7		5				8
			8		2	1		7
4								
			2		4	7		5
7	6					9		2
		6		4			7	
1	4				7			
				9		8		

#236

1		3		5				
						4		
					6			3
			5		9			7
2	9			7		8		
	7		8	6				4
4					5	1		9
		1		3				6
6	3			8				

#237

	7		3					8
9	2				6	4		
			7	9		6	2	
		1			8		7	6
	8			2				
		2				9		5
								9
				6		5		
5				1	7			

#238

	9	8		5		2		
7		2						
						6	5	
		7	3	8				4
5	6		4				8	
		4		2		7		
					8	9	7	5
8	7	5						3
					4			6

#239

					4		7	
7		1			8	3		
				3			8	1
			4	1			2	
		2			6		1	
	6				2			9
	7			6	3			
8	4	6	9					7
		9						5

#240

9					8	3		2
7		3	9	2	4	1	8	5
					5	9		
6	8		4	1	7			
		7						
	2	5					4	6
				3			2	9
	3	6	7		9			
4						6		

#241

				9			8	
	9	5		6				
			3	5	4			
		2					7	8
	8				5	2		
		7	8	4		1	3	9
						3		
5			7					
		8			3	9		4

#242

	3		9	2		5		1
1	8							9
	9			4			3	
	2		5					4
7	5		2	3		1		6
				8	4	3		
		2		1		9		3
		8	4					
				9				

#243

4		5	9		3			2
					8	9		
	8					4		
			1			8	2	7
	5		7		9		1	
		7			4			
				4				6
						3		
1			3	7	6		4	

#244

1		7	8		4			6
2					5			
6	4					3		
						5		
			3				8	
	7		4	8	9	6		1
9		1	6					
		2		4		8		
					2			

#245

	2	7	1	5	8	6		9
5	9	8			6	1		
6	4	1					5	
			6	8		3		7
	8		2	9			6	
		6	5	1	3	4		
7	5	4	3	2				6
8	3	9	7	6	5	2	1	
1	6			4	9			5

#246

			6					9
5								
9	2	6	5				4	
	9				7	4		8
3						2		
	8			2	6			
		9				7		
6			7		1	9	3	
7	1	3	9					5

#247

3				1				
4	7						2	
	2		9		5	4		
8								
	4						8	
5			7		3			
		5						9
2	6	3		5				7
		4	2		8			3

#248

7	8			3				5
	6	5				3	4	9
			8	1		4		
				7		5	3	
9				2				7
		3	9		8		1	
			3			8		
6			2	4			7	

#249

			8					1
9								3
1		3	9	7			6	
					4	3	2	
7					5	4		
				9				
	6	8						
	1		5					2
	3	9	1				8	

#250

		8		3		7		
6		3		5		1		2
			1		6	5		
	9							6
				2			8	
		2		8	7			
2			3			8	1	
3	8			7				
		7						

#251

			6				5	7
				7			8	9
8					1			6
							6	5
4		9	3				7	
			7	4	6		3	
	2				7	6		
		6		5	8		2	
7	9	3		6	4			

#252

8			7					3
	6				1	8		4
1				8				
4						6		
7			5	9				
9							3	
5			6			2	4	
	8		4				6	
		1			3	5		8

#253

		6	9	4			1	
8						2		9
5				1		7		
	9				1			3
							2	
		7	8			1		
		4	7	6			8	
								2
7		3	2	5		6		

#254

	6							5
				2	5			
5	3		4	9				
1	4						7	
			3	7	4		8	
3		5						
					8	2		
		3	7		2	8	5	6
8		6						9

#255

6	1			5	8		2	
			1			9		
				7	6	3	8	
9					2		4	
	4							
8		2		9				
	5			6		2	1	
1		6				7		8
2	8		7			5		

#256

				1			4	9
7					5		2	
4	2		9				8	
					9	6	7	
6				2	3			8
	1							
		4				8		5
1	7	9		8			6	
2				3			9	

#257

	1			5			4	
	9			7		8	2	5
3			9		4	7		
	3		5		7	1		
2			3		9			
1		7			2			
5		3				4		7
	7	1					8	

#258

8		5				7		
		7	2					5
				8		9		4
6		4	3		2			
					8	3		2
	3	8	9	5	4	6	1	7
5		6	1	4	3		9	
	4		8			1	5	
1			5	9		4	7	3

#259

3	1	2	9		6			5
						4	2	
4								8
5	9		7					
						3		
	6		4	7	5	8	3	
	4				2	5		
8	2			1	3		7	

#260

6	2		3					4
	4	3	1			7	2	6
					6	1		
	6	4	8	3	7			
1		9						
	7			6				
						9		7
		6	4	9				2
9			7					

#261

1	6			4		2	9	
3		8		2			5	7
	9	2	7			3		
7					2		8	3
6						5		
	2	5				9	6	1
	5	6			8			9
2	7	1		6	4			
	8				5			

#262

1		3						5
				8		3	6	4
	5			9			2	1
				5	4	7		2
	4		8					6
					1		9	8
	3	4	7					
5		1			9	6		3
9								

#263

			4	6			9	2
					2		6	3
					1	7		
		4		7	8		2	5
		8	3	2				
		2			9		1	8
	2	6						
5				1				6
3						5		9

#264

	1				6		8	2
			9					
		6			8			
5	2	1	4	3				
				8		9		3
	3			2			4	
				1		2	3	
3								9
			2			5		7

#265

3		1	7		9		8	2
	7	5	3	1		9	6	
2	4	9	5	6	8	7	3	1
	3		2		4	6		8
	8	6	9		1		2	
	2	4	8	7	6	3		5
6	1			2	7		5	9
7		2	6	8	5	1	4	
	5		1	9	3	2	7	6

#266

				5	7	3	4	
	4	1				5		6
5								8
			9	8		4		
			5					
	7	3				9	8	
1				9		8		3
8					5	7		9
	6		7				5	

#267

3	4		6					7
6		2		8				
5	1			7			9	
			2			1		
2							3	8
8	3							5
			1		4			9
				6				4
			9	5				

#268

			2	8			5	
	5				7	8	1	
			1	5	9	4		7
	4		5				8	1
		2						
					1			
		6			4			8
1	8		6	3				5
				7	5			2

#269

2			8	4	3			
	7				1	6	2	
	9		2		8	1		
	8	2					9	4
			4			2	7	
		7						
5			6	3	2			
	3	6	1					

#270

	8			5		6		2
2			8	9		3		4
		6	1		2	7	5	
7				2		9		
5		4			9			
						5		
			7	8			6	3
1	6							

#271

	7						9	8
1	6						7	
	9	4						2
			7	5	8			
		6	9			1		
					4			
2						9	8	
			1		9	7		5
7			4	8	6			1

#272

	8				7	2	5	
	2	9	5		6			1
			4	9	2		8	
		7		4				
					5	3		4
3			6		8	5		
	6		2					7
	4					9		5
					9			

#273

		1		5			2	6
	3			6	8		4	
	4		3		2			8
1	2	3						4
8				3			6	
						1		5
	9		6	2	3			7
6							5	
		2						

#274

4	8					7		
9						6		5
1	5	6		4				
						2		6
7					9	4	5	
						3	7	
	7		1			5	3	
			4	5	2			
		1	6					2

#275

2	7	9						
				8	4			
			6				2	5
			7					
	9	7			1	8	3	
1						2	4	
4		2			8			
9		5					6	
			3		5			

#276

7	8			6		2		
	4	6	3					
						7		5
		8		5	7	4		
	7		4					
						1	2	
		4		2	1	6		
6	1				9	8		
		2						

#277

	6		8	5				
	8	9	3				7	5
				4			1	
							6	
6		3		7				
	4	7	6		5	1		
	7		5		8		3	1
	2	5				6		
		8			2			

#278

7				9			6	
	5			3				
2		9	4			7		
6						9	5	7
					6			3
		3			1			
			2		9		7	
						3	8	
	9	1			7		2	6

#279

5			2	6		9		
	1				4		6	
			7				5	
7			1			2	4	
		1						5
	3	2	5					
	7	5	8			1		
	8		4	2				
	9						8	7

#280

	1				7			
			1		4			
6	9	4						
							9	2
1	2		8					5
	7		6				1	4
4	3	8				2		
		1		7				
		9		5		4		

#281

	8		3	4		1	9	
5	2				8			
4						7		
8							1	6
9			8			2		7
6	1		5		9		3	8
			6		1	8		
2	6							
1			2		3		6	4

#282

	8		4					7
		7		8	1		5	9
1								2
					3		9	
		4					7	
2			6	7			4	
	7				8			5
	3	1		9				
		9		6			8	

#283

4	8				1	9	5	
	9	5		3		6	4	
				5				
							3	
	4	6					2	
				8		1		
9	6					2	1	
	3			1		8		
	1		7			3		5

#284

9			3			8		
8	2							
	6	3			5		1	
							2	
	4	5			3	6		
					8			9
			2		1	4		3
6	1		9					
3	8	4	6		7			

#285

1	7		4		6			
			5					4
		3		8			7	
	5		6					
9				4		6		
					9		8	1
6	2							
5			1	6		4		9
				2			1	6

#286

2		3	9			8		
			7	8				1
1	8							4
3		8		5				
				4				8
	6	1		9			3	
	3					1		
4			6	7	1			
		5				2		

#287

1					8	6		
				3	1		8	2
2		5						9
	4						6	7
	6		8				9	
				6	3		5	
					4			
4	9	8		2	5			
						3		

#288

4		1	2		6			
	7				5	8		
			8				4	
2					1		3	
		4			3	9	8	
9	5							
		6	3				2	
								4
		5			4			6

#289

2	9	8	4				1	3
	7	1					8	
4			8					
	4		3				6	
		3			4			8
	8		1	6				7
				4				5
		9			5	6		
3				2		1		

#290

		3		4			7	8
								3
	6			2		4	5	
2							8	7
							4	
	5			8	3	9		
			1		8		9	
		1	9	5		2		
		6	7	3				

#291

						1	4	
6			5			8		
2			6			3		
9				5				
	2	6	9		1	4		
	4				3			
					5			8
1		3			2			5
		7	1		6	2		

#292

		7		5	9			
		6	7	8			3	
2								
7	2	9				4		1
	5			2		3	9	
					5	2		
	9	2	8		6			
6	8		5					2
3					4			

#293

		9	7				5	
	5		8		1			9
8			4		5		6	
6			1			2	7	
	7				4	5		6
					2			4
	2			6			4	3
3	9				8			5

#294

	4	2	3			1		
		6						7
				6	8			
7		8	9		2	5	6	4
	1			4	6		8	
					5			9
4	2					6		
1				5	7			
6								

#295

	9	3		5	8	7	2	1
	8	2		9		5		6
	1	5		2	3	4	8	
9	2	7	1	4			5	3
1	3	4			5	6	7	2
5	6	8	2		7	9	1	4
8		1	3	6	9	2		7
3		6	8	7	2	1	9	5
2	7		5			3	6	

#296

9	8	1	7			4		
3	6	5					7	1
	2	4		1		8		
5		3	2		7			8
	9	8		4		7	2	
1		2	6	3	8	5	4	
		9	8		2	3		
		7		5				
	5		9		3	1		4

#297

8				6				
	4			3		1		
6	3		1		9			
					1	6		
	8							
9	7		4		2	8		3
			5	4		7		
							5	2
		8	7	2		4	9	

#298

	2	9	7		6	3		
8	7			2			1	
4	6				1	2	7	
2	5	8	9	7	3	1	6	4
					8	5	3	2
6	3	4	1		2		8	9
	4		8					1
5	1			4	7		9	3
	8	6		1	9		5	

#299

	1			2		6	8	
		5					2	
					1			
2				3	5			
8		9		6				5
		6		7			4	8
		3						
6				8		1		7
7	8			1				9

#300

7				3	6	5		
		5			9	3	7	
	1					6		2
		4				8		
6	8	9				7	3	1
						1		
		2		7	8			
1				5		4		7

#301

	7	3	1	6				
		1	9		4			8
					7			
			3		9	4		
					8			7
9		7			1	8		
	6		7	9		5		
	5			4	3		6	
						7		4

#302

2				1		6		
						7		
	8	3		7	2		1	
		6		8		9	4	1
	3			6		5		
	7						6	
	4	2		5	1			
	6	9	2		7			4
		1			8		3	

#303

3						6		
1								2
2		4	1	7				3
5		9		8			6	1
			9		4			5
8			4					
	4	5		1	8	7		
		3			7		8	

#304

						6	9	7
1	5		6					
	7	3						
								4
		7	3	6				1
	1		8	7	2			
	6					4		
	2	1					8	6
	3	4		8		9	7	

#305

3	9	5					1	2
8					2	5		3
							4	
2			9		4	8		7
				3			9	
					1			
4			7			3	5	
9	7				3			
				2		1	7	

#306

	2			6				
6			2	8	7	9		3
	1		4			8		
		4	1	3		5		
			8		2			
5					6		3	8
		3	5			2		
1								7
	8	6			3			

#307

				7		1	2	
		3	8				7	
	6			1	2			
8			9			2		
	4	7			5	9		
9	7	1		2	8	3	6	
		9					8	
2					4			
		4	2				5	9

#308

7				6		5		
4		2	3	7		9		
			1				3	
				4				
		7						8
	1		7					
2			8			6	7	9
			9	3				
	4		6		7		1	

#309

	4		8			9	3	6
			4					
2					6			
7		6	9			3	8	
						7		2
	8					6	1	
5					1		9	
	2			5	9			1
		4				5	6	7

#310

		5	1			6		
	7	4	2	5			8	
2			9			4		
3	1		8				4	
						3		8
		9			3	5		
					7	2		
	2					8		
4				6			3	7

#311

2			9		7		5	
6		7			8			3
	4	5						8
			3	8		1		
								6
		1			4	8		9
4	2				3	6		
				2	6			
5				4			8	

#312

		4		6	2		8	
		6				9	2	
			3		4			1
				8		1		9
	4			2				3
	5		9	1		6	3	
	3					7		8
	8						9	

#313

4	2	1	5				3	7
7			1		2			4
3	9		4	7	8		2	
9	7	2			3		5	
8	1	4			5	7		3
5		3			7		4	2
6	5				4	3	1	
	4		3	6	9			
2	3	9			1	4	8	6

#314

					8			
	8		5	1				
4	5			2	9	1		6
						9		
8			2					
	2	3		8		6		
				9		7	6	
5		6	4		3			
					5		3	

#315

				8			5	
	3	8	7					
	9				3	1	8	6
				9	2		3	
			5		7	9		
			4			6		8
		4		7			6	1
8								
2							9	3

#316

		4			9	7		
		7					2	
5	2		7		3			8
					4		8	
	5							
4	8	6	5		2			
						4		2
7			4	1		5	6	
							7	

#317

7				9	3			
				2		6		
		2				3		7
4			3			8		2
	8		4				1	
			5			4	3	
	6			3				8
9					7		4	
			9			2	6	

#318

		1		9			4	
	9		2					6
			5				3	
3								
	2				5	7		1
	8			2				
				3	4		6	5
		4		8	6			
	7	3	9	5		8		

#319

			2				1	7
	1			4	7			
				9				2
			4			2		
9		2		8		7		
5			7		2	9	3	
7		5					8	4
4	8		5	7				
3								

#320

		6	9		3			
			6				5	1
	4						6	
6	8			4			3	5
4								
		3		7				
9	3						1	2
	1		8				4	3
7			2		1			9

www.ingramcontent.com/pod-product-compliance
Lightning Source LLC
Chambersburg PA
CBHW031537210526
45464CB00003B/1044

* 9 7 9 8 7 4 6 8 4 1 7 9 7 *